青岛市住宅工程常见质量问题
防治技术导则

Qingdao Residential Projects Common Quality Problems
Prevention and Control Technical Guidances

主编部门：青岛市城乡建设委员会
批准部门：青岛市城乡建设委员会
施行日期：2018年2月1日

中国海洋大学出版社
·青岛·

图书在版编目（CIP）数据

青岛市住宅工程常见质量问题防治技术导则／青岛市城乡建设委员会主编.—青岛：中国海洋大学出版社，2018.1

ISBN 978-7-5670-1703-0

Ⅰ.①青… Ⅱ.①青… Ⅲ.①住宅—工程质量—质量控制—技术规范—青岛 Ⅳ.①TU712-65

中国版本图书馆CIP数据核字（2018）第035132号

青岛市住宅工程常见质量问题防治技术导则

出版发行	中国海洋大学出版社		
社　　址	青岛市香港东路23号	**邮政编码**	266071
出 版 人	杨立敏		
网　　址	http://www.ouc-press.com		
电子信箱	2586345806@qq.com		
责任编辑	矫恒鹏	**电　　话**	0532-85902349
订购电话	0532-82032573（传真）		
印　　制	青岛国彩印刷有限公司		
版　　次	2018年1月第1版		
印　　次	2018年1月第1次印刷		
成品尺寸	140 mm × 203 mm		
印　　张	2		
字　　数	46千		
印　　数	1~3000		
定　　价	28.00元		

发现印装质量问题，请致电0532-88194567，由印刷厂负责调换。

主编单位：青岛市城乡建设委员会
参编单位：青岛博海建设集团有限公司
　　　　　青建国际集团有限公司
　　　　　青建集团股份公司
　　　　　青岛建安建设集团有限公司
　　　　　中启胶建集团有限公司

主　　编：陈　勇
副 主 编：刘玉勇　吕立新
编写人员：孙　雷　刘昕光　崔　浩　赵　建　李延敏
　　　　　魏范刚　韩丽丽　王健斌　葛长波

青岛市城乡建设委员会文件

青建管字〔2017〕86号

关于印发《青岛市住宅工程质量常见问题
防治技术导则》的通知

各区市建设行政主管部门，青岛西海岸新区城建局，各有关单位：

　　为进一步做好我市住宅工程质量常见问题防治工作，切实提高我市住宅工程质量总体水平，我委根据有关法律法规和规范标准，组织编制了《青岛市住宅工程质量常见问题防治技术导则》，现予以发布，自2018年2月1日起实施。

青岛市城乡建设委员会

2017年12月28日

前　言

　　住宅工程质量是关系到人民群众切身利益的民生大事，对住宅工程质量常见问题实施专项治理，是贯彻住建部、省住建厅"工程质量安全治理提升三年行动"的重要内容，是进一步落实质量强市战略，建造精品工程，打造青岛标准的具体体现。

　　本导则是根据国家和省市有关法规、政策和规范规程，结合青岛市近几年住宅工程质量常见问题治理工作先进经验进行编写的，重点对主要质量常见问题的防治措施予以介绍，分土建篇和安装篇共15项质量常见问题防治措施，具有较强的针对性和实用性。

　　本导则在编写过程中，还得到了董学成、王勇、曲学进、孙邦君、翟瑞华、黑增武、张蛀、刘迎新、孙海生、马志晓、李淑杰、姚强等专家的大力支持，在此一并表示感谢！

　　由于水平有限，书中难免有疏漏之处，敬请指正。

目　录

1 土建篇

1.1 外墙外保温开裂、脱落防治措施

1.1.1 外墙外保温工程施工前，应在施工现场采用相同的材料和工艺制作样板墙面，经验收合格，方可大面积展开施工。

1.1.2 保温材料进场后应进行验收，核查合格证、型式检验报告等文件，符合要求后进行见证取样复验，合格后方可使用。

1.1.3 保温板材应提前进场，EPS板自然陈化要42 d以上，XPS板自然陈化28 d以上，不得露天存放，监理单位应做好记录。

1.1.4 外墙外保温施工前，墙面应进行整体抹灰找平（现场聚氨酯发泡保温系统可不抹灰，但需对基层墙体做好界面处理）。

1.1.5 保温施工及完工后24 h内，环境空气温度不应低于5℃。夏季应避免暴晒，在5级以上大风天气和雨雪天不得施工。

1.1.6 粘贴上墙的保温板长边不得大于600 mm，岩棉板应六面喷刷专用界面剂，XPS板两个大面应喷刷专用界面剂。

1.1.7 保温板粘贴采用满粘法。胶粘剂满铺在保温板粘贴面上，使用专用锯齿镘刀均匀刮出齿状粘胶条，厚度不应小于10 mm（图1-1-1）。

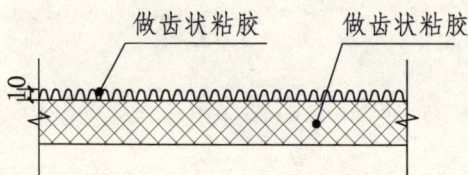

做齿状粘胶　　　　做齿状粘胶

图1-1-1　保温板满粘

1.1.8 保温板之间应拼接紧密、齐平，胶粘剂的压实厚度宜控制在3～5 mm，贴好后应立即刮除残留的胶粘剂。保温板间残留缝隙应采用阻燃型聚氨酯发泡材料填缝，板件高差不得大于1.5 mm。

1.1.9 外墙装饰线、空调搁板等外墙热桥部位，应按设计及规范要求采取隔断热桥保温措施。

1.1.10 涂料饰面时，当采用EPS板做保温层，建筑物高度在20 m以上时，宜采用以粘结为主，锚栓固定为辅的粘锚结合的方式，锚栓每平方米不宜少于3个；当采用XPS板做保温层，应从首层开始采用粘锚结合的方式，锚栓每平方米不宜少于4个（图1-1-2、图1-1-3）。

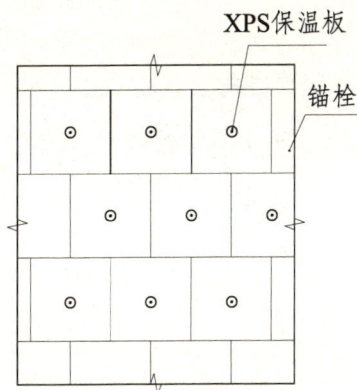

图1-1-2　20 m以上保温层锚栓方式（每平方不少于3个）

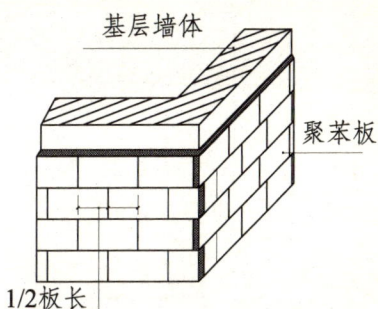

图1-1-3　聚苯板转角排列示意图

1.1.11　锚栓在墙体转角、防火隔离带、门窗洞口边缘的水平、垂直方向加密，其间距不大于300 mm，锚栓距基层墙体边缘应不小于60 mm，锚栓拉拔力不应小于0.3 kN（图1-1-4）。

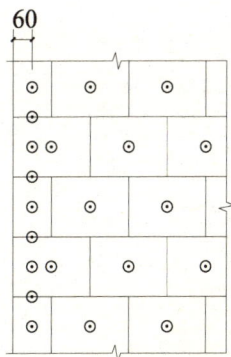

图1-1-4　墙体边角固定示意图

1.1.12　首层墙面应加铺一层加强耐碱玻纤网布。墙的阴阳角处玻纤网布应双向绕角互相搭接，搭接宽度不小于200 mm。洞口处应在其四周各加贴一块45°斜向耐碱玻纤网布（图1-1-5、图1-1-6）。

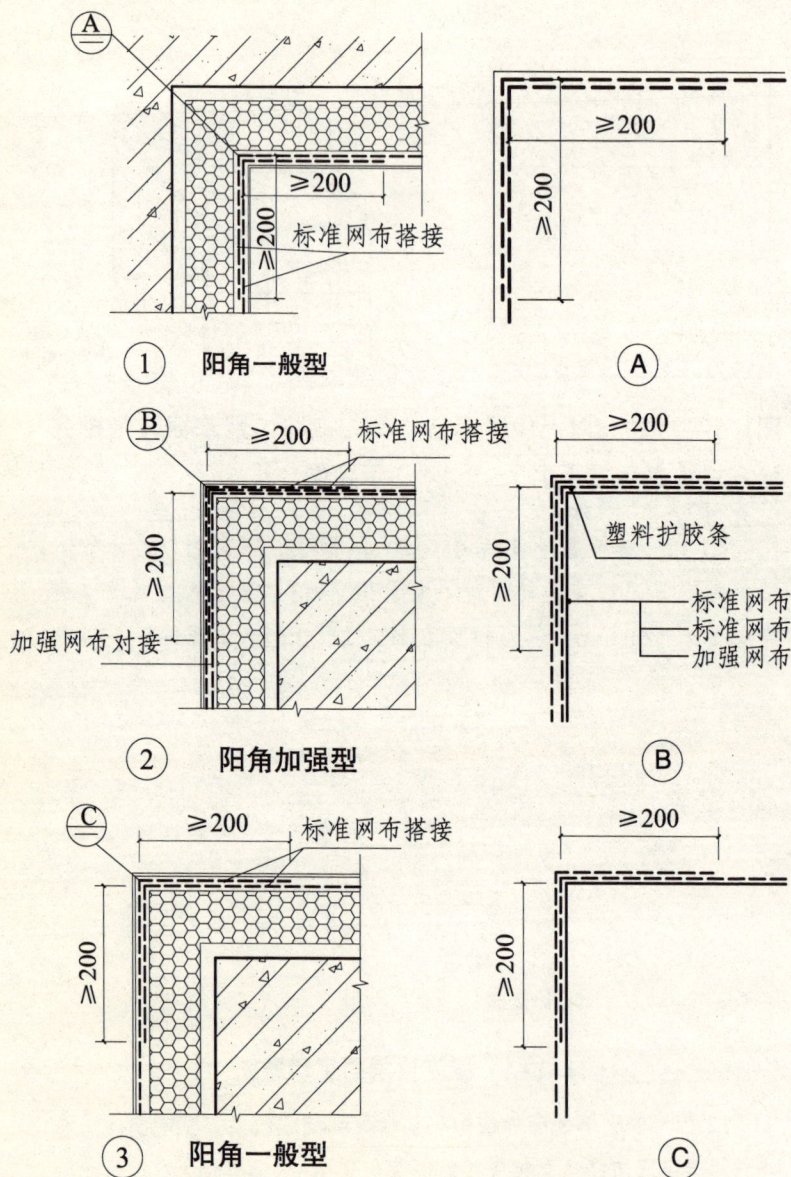

① **阳角一般型**

Ⓐ

② **阳角加强型**

Ⓑ

③ **阳角一般型**

Ⓒ

图1-1-5 门窗洞口网格布加强图（1）

门洞窗口

标准网布

聚苯板

①

300

200

100

聚苯板

标准网布

门窗洞口

200

200

100

200

300 45°

200

标准网布搭接

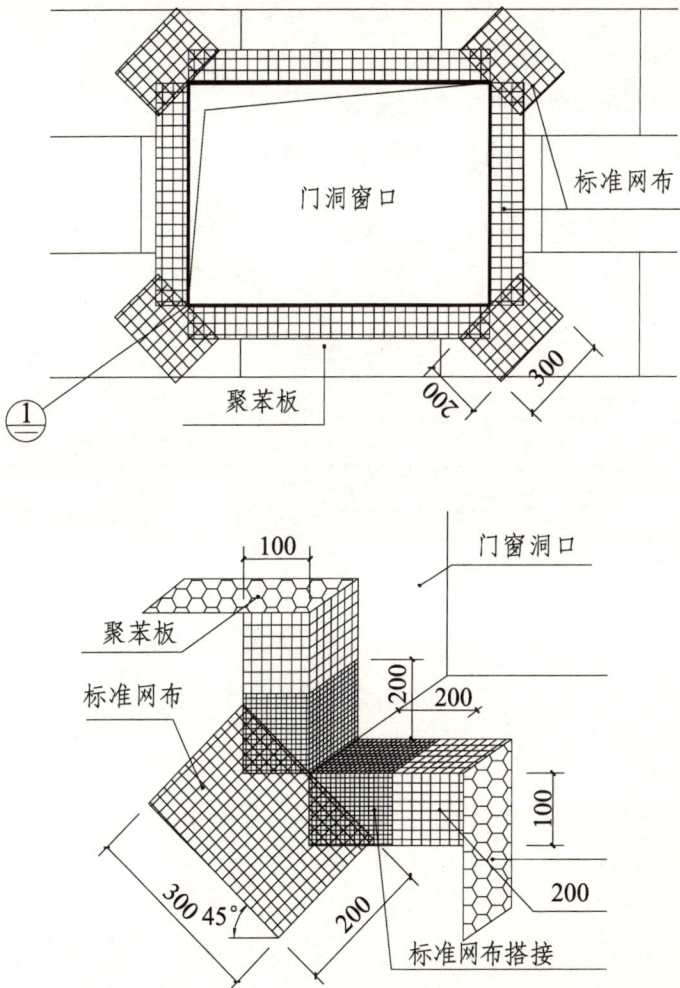

图1-1-6 门窗洞口网格布加强图（2）

　　1.1.13　外墙阳角处应设带耐碱玻纤网格布的成品塑料护角条，在门窗膀、窗台处应使用成品塑料护角条，洞口滴水应采用专用成品塑料滴水线条。

　　1.1.14　玻纤网布在保温系统门窗洞口、勒脚、变形缝等终端处应进行翻包处理（图1-1-7、图1-1-8）。

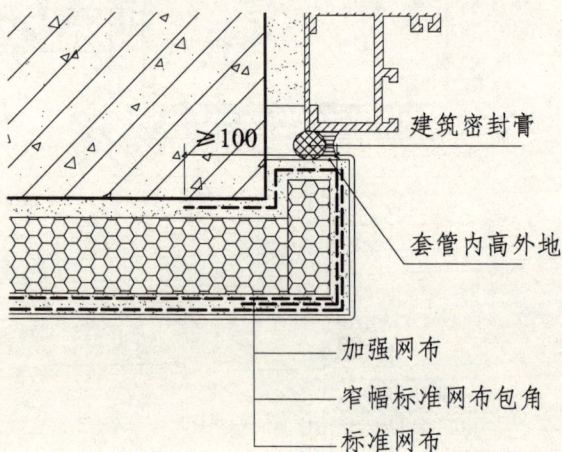

建筑密封膏

套管内高外地

加强网布

窄幅标准网布包角

标准网布

≥100

图1-1-7　窗膀保温节点示意图

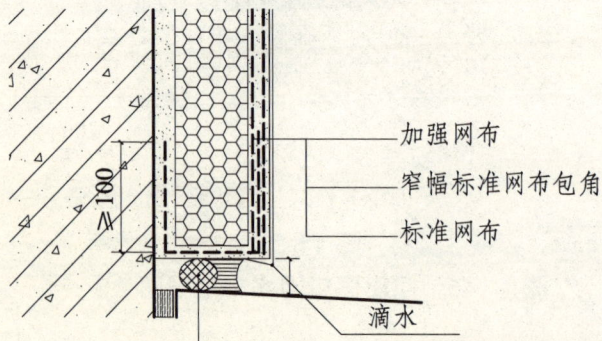

加强网布

窄幅标准网布包角

标准网布

滴水

≥100

图1-1-8　勒脚保温节点示意图

1.1.15 外保温系统宜优选涂料、柔性面砖等轻质材料，不宜用面砖，若采用应专项设计，其安全性与耐久性应符合设计要求。

1.1.16 外墙外保温系统施工，应委托有相应资质的检测机构对板材与基层的粘接强度、锚固件锚固力进行现场拉拔试验。

1.2 外墙渗漏防治措施

1.2.1 外墙抹灰前，墙身上各种进户管线、空调管孔等，应按设计要求安装完毕，并按外保温系统厚度留出间隙。外墙对拉螺栓孔、脚手架眼等应进行可靠封堵。上述内容均应进行专项检查验收，并形成隐蔽工程验收记录。

1.2.2 穿过室外墙面的管道应采用套管，套管应内高外低，套管外周宜用中性硅酮耐候密封胶封闭（图1-2-1）。

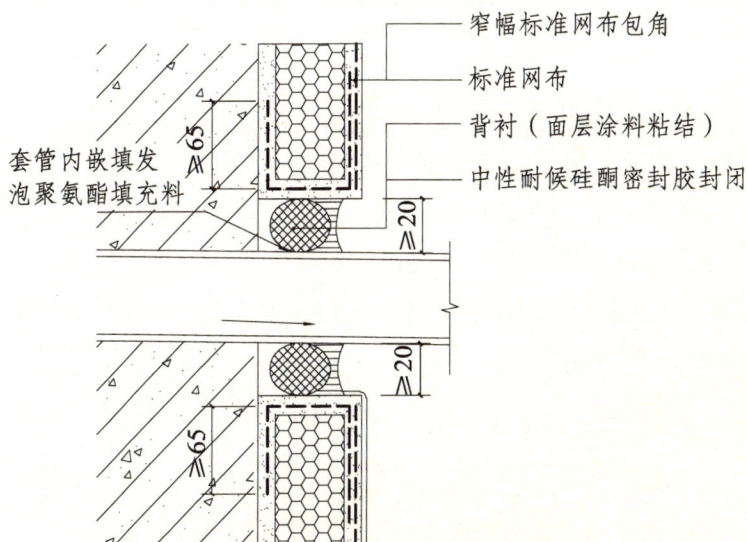

图1-2-1 外墙穿墙管道（套管式）构造

1.2.3 凸出外墙面的挑檐、雨蓬、空调搁板等应与墙体同时浇筑，板面设置不小于2%的排水坡度，并按设计要求做好防水处理，阴角防水处理及泛水高度等应满足规范要求（图1-2-2）。

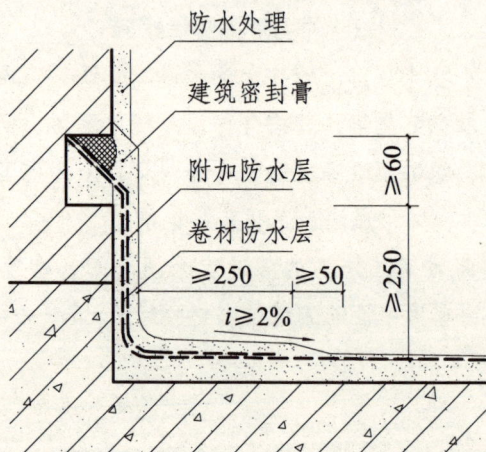

图1-2-2 雨蓬阴角防水处理参考图

1.2.4 凸出墙面有排水要求的部位底部应做滴水线，不得出现爬水和排水不畅现象。滴水线应优先采用成品滴水线条（槽），若采用鹰嘴或大斜面滴水线，大斜面坡度不应小于10%（图1-2-3、图1-2-4）。

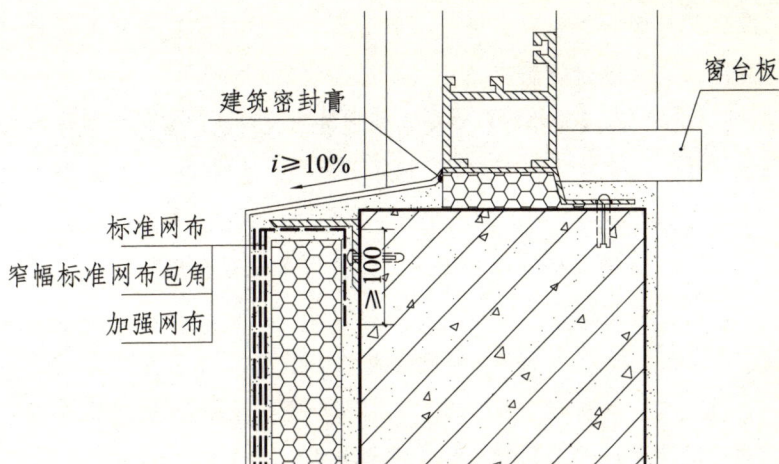

图1-2-3　窗台保温节点示意图

建筑密封膏

$i \geqslant 10\%$

标准网布
窄幅标准网布包角
加强网布

窗台板

≥100

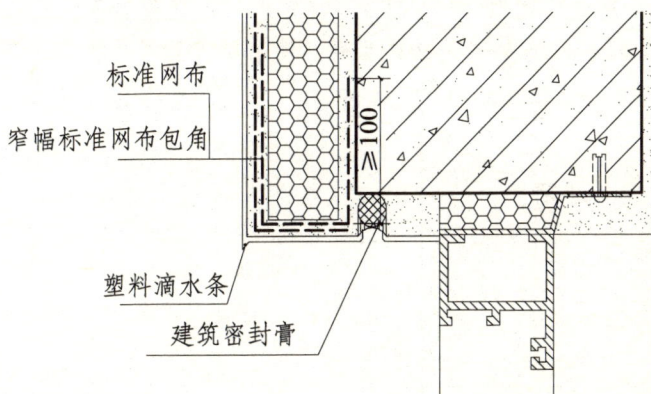

标准网布
窄幅标准网布包角

≥100

塑料滴水条
建筑密封膏

图1-2-4　窗眉保温节点示意图

1.2.5　凸出墙面的构件进行保温层施工时，应遵循上面压侧面、侧面压下面的原则，避免出现朝天缝。外墙保温层需设置分格缝的，应由设计单位明确位置及处理措施。

1.2.6　外墙面层涂料（真石漆）饰面应采用与保温系统相

容的柔性耐水腻子和高弹性涂料。真石漆找平层腻子施工完成后应涂刷一道封闭底漆。

1.2.7　幕墙与结构收口处、外墙装饰收口、门窗框四周与外墙接触处、管道及设备支架穿越保温板处、墙体顶部收口处等，在其与保温层结合的间隙应采取可靠措施并做防水密封处理。

1.2.8　建设单位应组织施工、监理单位对全部外墙进行淋水试验，并做好检查记录，留存影像资料。

1.3　外窗渗漏防治措施

1.3.1　门窗专业施工单位应按设计要求对门窗细部及构造进行深化设计，编制专项施工方案并报审。

1.3.2　门窗进场后应进行验收，核查质量证明文件和实物外观检查，符合要求后进行见证取样复验，合格后方可使用。

1.3.3　门窗的安装必须牢固。使用空心砖和轻质砌块等作

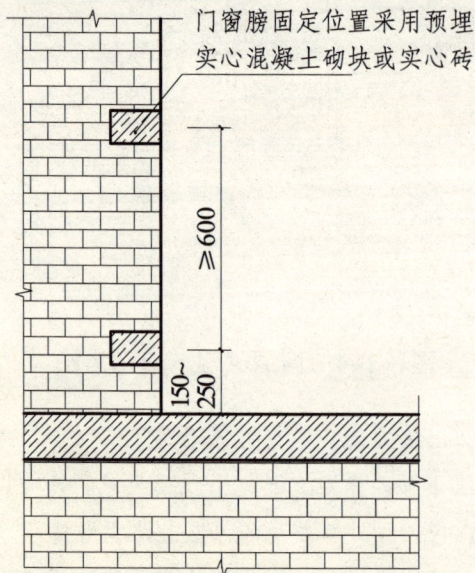

图1-3-1　门窗安装固定位置示意图

为砌体材料时，门窗膀固定位置应采用实心混凝土砌块或实心砖进行构造处理。在砌体上安装门窗严禁用射钉固定（图1-3-1）。

　　1.3.4 施工总承包单位应准确留置门窗洞口。门窗专业施工单位应编制门窗翻样图，并对洞口按翻样图逐个进行检查，洞口位置、尺寸、垂直度符合规范和安装要求后，施工总承包单位与门窗安装单位办理交接验收手续。

　　1.3.5 外门窗安装宜加设附框。附框与洞口、窗框与附框

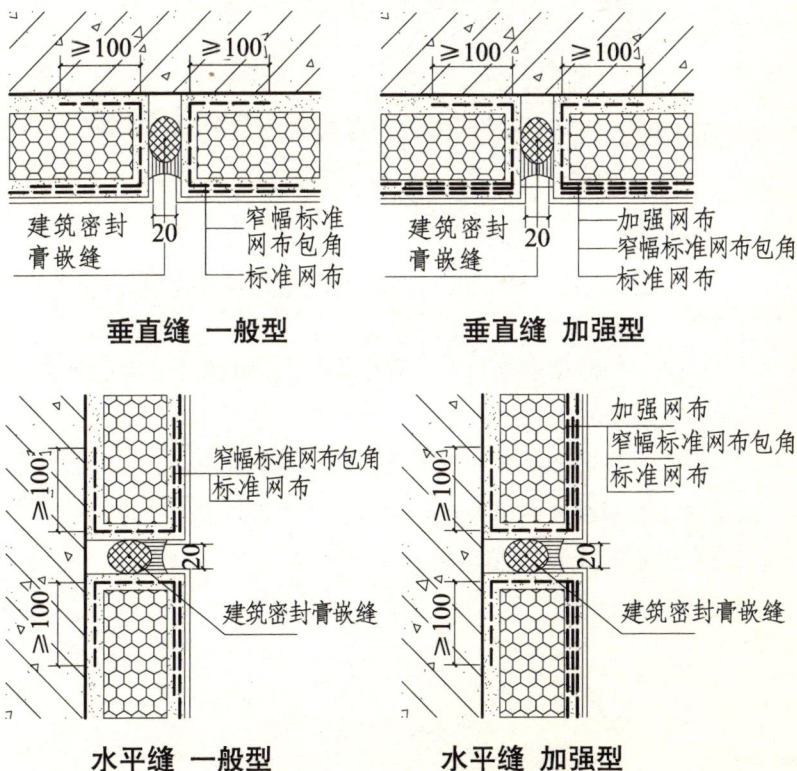

垂直缝 一般型

建筑密封膏嵌缝　20　窄幅标准网布包角　标准网布

垂直缝 加强型

建筑密封膏嵌缝　20　加强网布　窄幅标准网布包角　标准网布

水平缝 一般型

窄幅标准网布包角　标准网布　建筑密封膏嵌缝

水平缝 加强型

加强网布　窄幅标准网布包角　标准网布　建筑密封膏嵌缝

图1-3-2　外门窗附框密封示意图

之间应使用中性硅酮耐候密封胶密封，附框安装应作为隐蔽工程进行验收（图1-3-2、图1-3-3）。

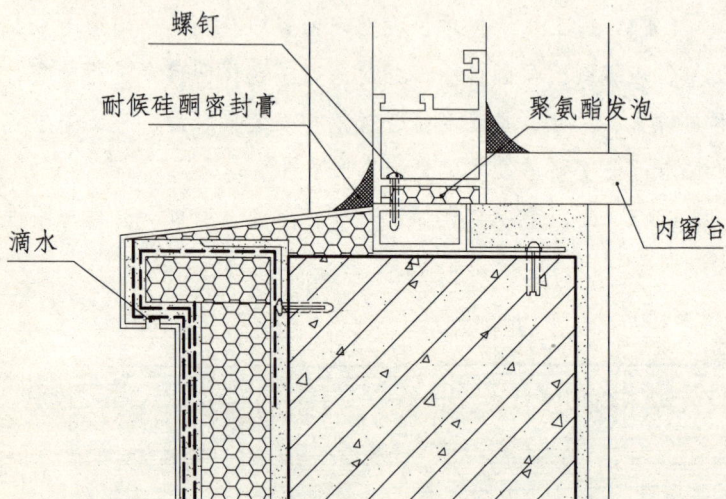

图1-3-3 窗下框采用副框固定做法参考图

1.3.6 外门窗洞口周围应采用掺防水剂的微膨胀防水砂浆整体抹灰找平。

1.3.7 外窗台根部采取防水措施。外窗台应做出向外的流水斜坡，内窗台应高于外窗台10 mm。门窗顶滴水线应采用成品滴水线条（槽）、鹰嘴或大斜面滴水线（图1-3-4）。

图中标注：

鹰嘴

耐候硅酮密封膏

耐候硅酮密封膏

内窗台高于外窗台≥10 cm

保温材料

$i \geq 10\%$

内窗台

滴水

标准网布

窄幅标准网布包角

加强网布

≥100

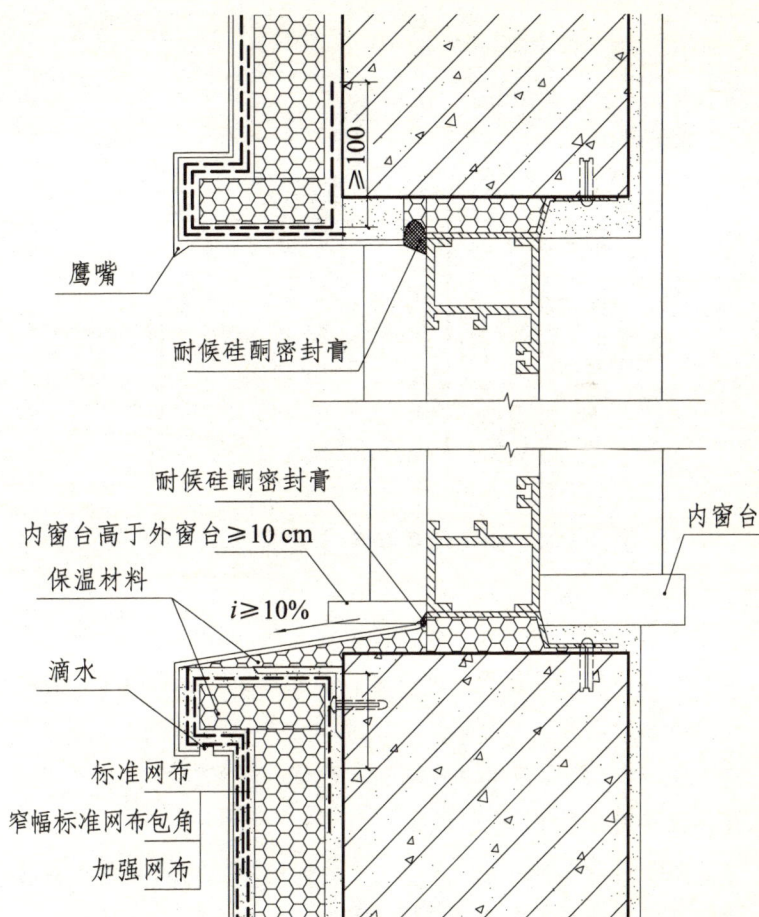

图1-3-4　外窗防渗漏节点做法参考图

1.3.8　窗下框应采用固定片法安装固定，严禁用长脚膨胀螺栓穿透型材固定门窗框。固定片宜为镀锌铁片，窗侧面及顶面打孔后工艺孔帽安装前应用密封胶封严（图1-3-5）。

1.3.9　组合外窗的拼樘料应采用套插或搭接连接，并伸入

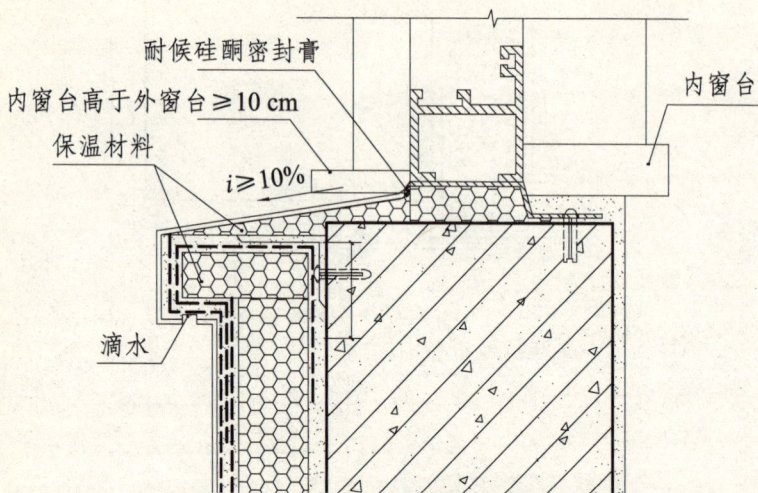

图1-3-5 窗下框采用固定片做法参考图

上下基层不小于15 mm。拼接时应带胶拼接，外缝采用密封胶密封。框扇构件连接部位和五金件装配部位，应采用密封材料进行密封处理。

1.3.10 外门窗排水孔位置、数量、规格应根据门窗型设置，满足排水要求。

1.3.11 外门窗框与洞口之间的间隙应采用聚合物水泥防水砂浆或发泡聚氨酯填充密实。发泡应一次成型，充填饱满。

1.3.12 外门窗框四周应打中性硅酮耐候密封胶，并应在外墙粉刷涂料前完成，打胶要保证基层干燥，无裂纹、气泡，转角平顺、严密。外门窗为铝合金门窗时，门窗框内侧也应打密封胶。

1.3.13 外门窗安装后保温层或外墙饰面施工封闭前，应对安装质量进行隐蔽工程验收，并形成记录。

1.3.14 外门窗安装完成后，建设单位应组织施工、监理、门窗安装单位对全部外窗进行淋水试验，并做好检查记录，留存影像资料存档。

1.4 卫生间楼地面渗漏防治措施

1.4.1 防水工程施工合同应明确质量标准。防水专业施工单位应按设计要求对细部及构造进行深化设计，编制防水工程专项施工方案，报施工总承包单位、监理单位（建设单位）审核。

1.4.2 防水材料进场后，建设、施工、监理单位应进行验收，核查质量证明文件与实物的相符性，并对材料外观质量进行检查，符合要求后按规定进行见证取样，抽检合格后方可使用。

1.4.3 卫生间楼板混凝土宜一次浇筑，振捣密实。楼板四周除门洞口外应设现浇钢筋混凝土上返台，并与楼板同时浇筑。

1.4.4 管道穿过楼板洞口处封堵时应采用强度提高一级、掺微膨胀剂的细石混凝土分二次浇筑捣实，第一次浇筑至楼板厚度的1/2，达到一定强度后再浇筑至楼板上表面（图1-4-1、图1-4-2）。

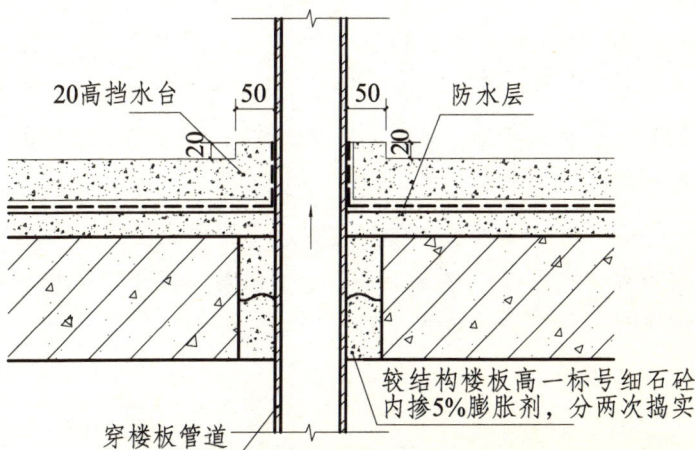

图1-4-1 管道吊模及挡水台参考图

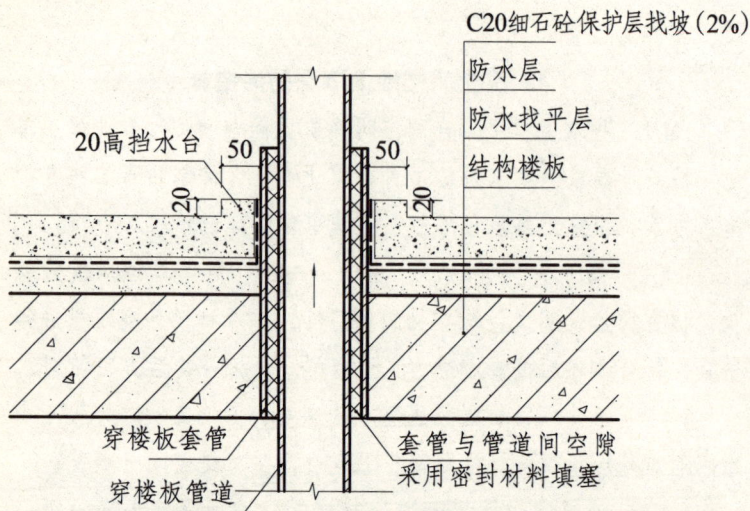

图1-4-2 管道吊模加套管参考图

1.4.5 穿过楼地面管道根部应设置阻水台，保证高出成品地面不小于20 mm。

1.4.6 找平层应平整光滑，阴角处均应抹成小圆弧。铺涂防水层时，基层应清理干净，上返高度应符合设计要求且不小于300 mm。管道根部、排气（烟）道根部、墙根等部位应做防水附加层。

1.4.7 对于沿地面敷设的给水、采暖管道（卫生间采用地暖采暖方式除外），在进入卫生间处，应沿卫生间隔墙外侧抬高至防水层上返高度以上后，再穿过隔墙进入，避免破坏防水层（图1-4-3）。

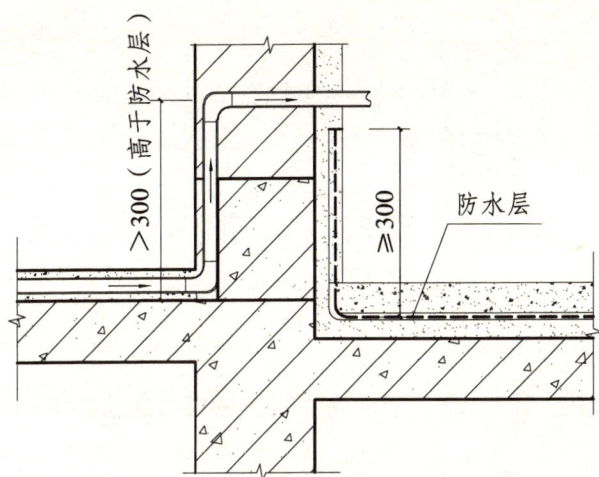

图1-4-3 管道进入卫生间上返参考图

1.4.8 卫生间兼做浴室时，墙面防水层不得低于1 800 mm；门洞口处防水材料铺涂应向外、向上各延300 mm（图1-4-4、图1-4-5）。

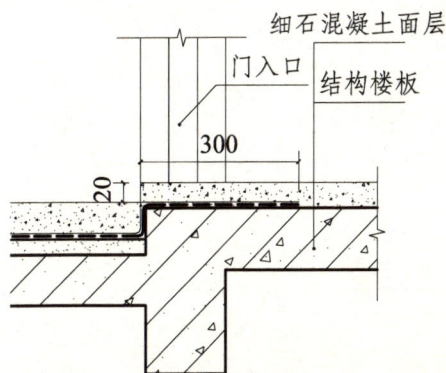

图1-4-4 厨、卫地面结节做法参考图

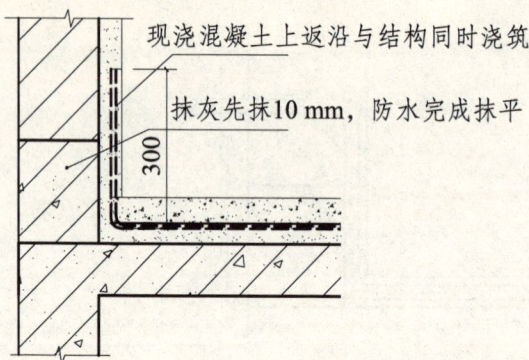

现浇混凝土上返沿与结构同时浇筑

抹灰先抹10 mm，防水完成抹平

300

图1-4-5　厨、卫防水沿墙上返结点做法参考图

　　1.4.9　卫生间门洞口处地面面层与相连接的室外房间地面面层的标高差应符合设计要求，且不应小于15 mm。卫生间地面面层的坡度应符合设计要求（设计无要求时宜为

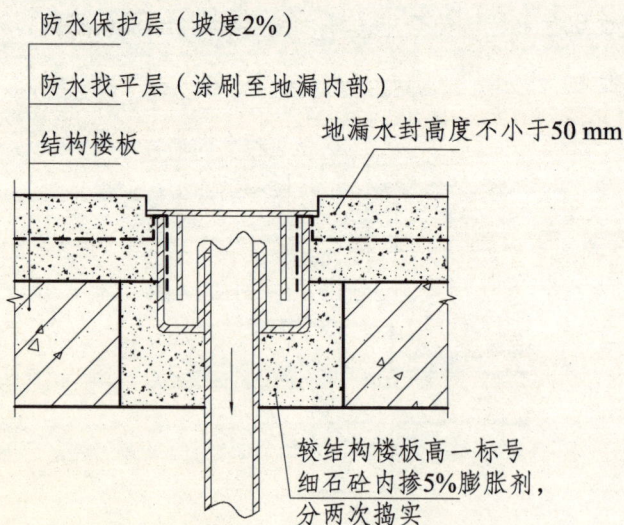

防水保护层（坡度2%）

防水找平层（涂刷至地漏内部）

结构楼板

地漏水封高度不小于50 mm

较结构楼板高一标号
细石砼内掺5%膨胀剂，
分两次捣实

图1-4-6　地漏参考图

1%～1.5%），地漏顶面应低于地面面层0～5 mm，不得有倒泛水和积水现象（图1-4-6）。

1.4.10 卫生间应做蓄水试验，并做好检查记录，留存影像资料存档。

1.5 屋面渗漏防治措施

1.5.1 屋面防水工程施工前建设单位应组织图纸会审，不得擅自改变屋面防水等级和防水材料，确需变更的，应经原施工图审查机构审查批准。

1.5.2 屋面防水施工单位应按设计要求对细部及构造进行

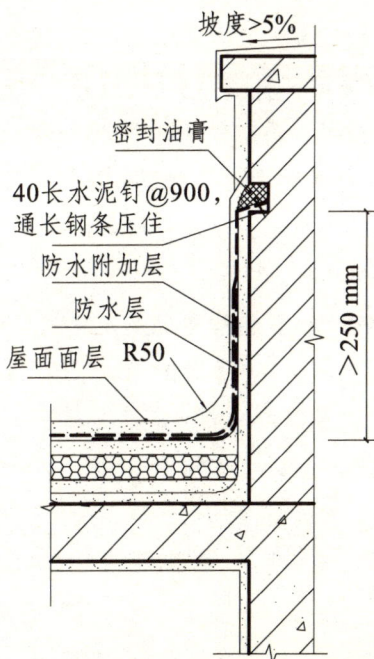

图1-5-1 1200（1400）高女儿墙泛水做法参考图

深化设计，编制专项施工方案，做出施工样板，按程序审核后方可施工（图1-5-1）。

1.5.3 防水材料进场后，建设、施工、监理单位应进行验收，核查质量证明文件与实物的相符性，并对材料外观质量进行检查，符合要求后按规定进行见证取样，抽检合格后方可使用。

1.5.4 找平层的排水坡度应符合要求。卷材防水屋面基层与女儿墙、山墙、天窗壁、变形缝、烟（井）道等凸出屋面结构的交接处和基层转角处，找平层均应做成不小于R50的圆弧形。内部排水的水落口周围应做成略低的凹坑。

1.5.5 倒置式保温屋面的保温层应采用吸水率低，且长期浸水不变质的保温材料。

1.5.6 板状保温材料铺贴应根据标定坡度线确定铺贴方向，并分层、分段进行铺贴和灌缝。铺贴时，上下两层板块缝隙应相互错开，表面两块相邻的板边厚度一致。保温层施工完成后，应及时铺找平层，以减少受潮和进水，尤其在雨季施工，更要及时采取措施。

1.5.7 排气管宜设置在结构层上，纵横贯通，不得堵塞，间距宜为6 m，并与大气连通的排气口相通。穿过保温层的管壁应设排气孔，以保证排汽管的畅通，屋面面积每36 m² 宜一个排气口，排气口应设在排气管交叉处。

1.5.8 天沟、檐沟应增设附加层，采用沥青防水卷材时，应增设一层卷材；采用高聚物改性沥青防水卷材或合成高分子防水卷材时，宜采用防水涂膜增强层。天沟、檐沟与屋面交接处的附加层宜空铺，空铺宽度不应小于200 mm；天沟、檐沟卷材收头处应密封固定。

1.5.9 女儿墙和山墙的压顶应向内排水，坡度不小于5%。

女儿墙为砖墙时，卷材的收头可直接铺压在女儿墙的混凝土压顶下，如女儿墙较高时，可在砖墙上留凹槽，卷材收头应压入槽内并用压条钉压固定后，嵌填密封材料封闭，凹槽距屋面面层的高度不应小于250 mm。

女儿墙为混凝土时，卷材的收头采用镀锌钢板压条或不锈钢压条钉压固定，钉距≤900 mm，并用密封材料封闭严密。

1.5.10　屋面变形缝内应预填不燃保温材料，上部填放衬垫材料，并用卷材封盖。等高变形缝顶部应加扣钢筋混凝土或金属盖板，混凝土盖板的接缝应用密封材料封严；金属盖板应铺钉牢固，搭接缝应顺流水方向，做好防锈处理。高低跨变形缝在高跨墙面上的防水卷材封盖和金属盖板，应用金属压条钉压固定，并用密封材料封严。

1.5.11　水落口杯埋设标高应正确，水落口周围500 mm范围内坡度不应小于5%，并应先用防水涂料涂封，厚度2 mm为宜，

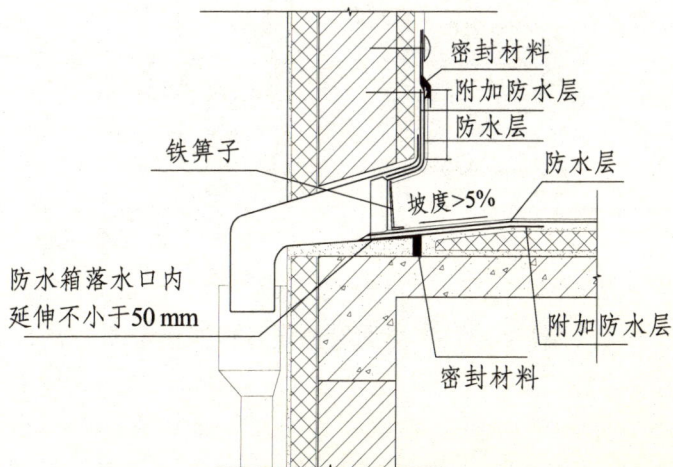

图1-5-2　落水口处做法参考图

防水层及附加层伸入水落口杯内不应小于50 mm（图1-5-2）。

1.5.12 上返梁过水孔预留位置应正确，其管径不得小于75 mm。过水孔的孔洞四周应涂刷防水涂料，预埋管道两端与混凝土接触处应留凹槽，并用中性硅酮耐候密封胶密封。

1.5.13 屋面设施基座宜直接设置在屋面结构上，并按要求做好附加防水和泛水的构造处理。

1.5.14 伸出屋面的管道根部应抹出高度不小于30 mm圆弧，管道根部周围做防水附加层，宽度和高度不小于300 mm。防水层铺贴在管道上的高度距成品屋面不应小于250 mm，收头处用金属箍箍紧，并用密封材料封严（图1-5-3、图1-5-4）。

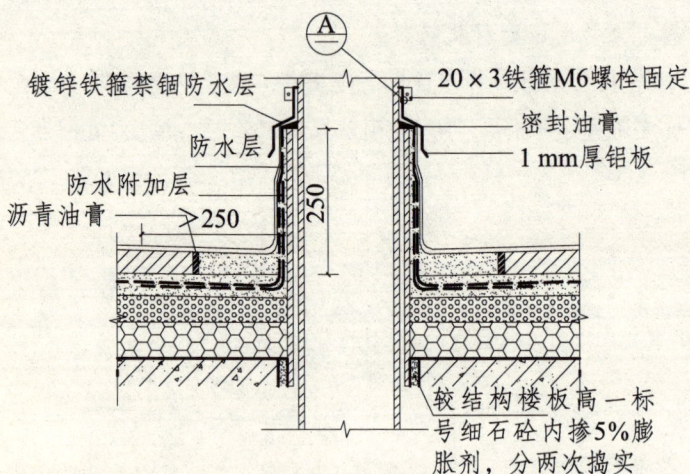

图1-5-3 出屋面管道泛水做法参考图

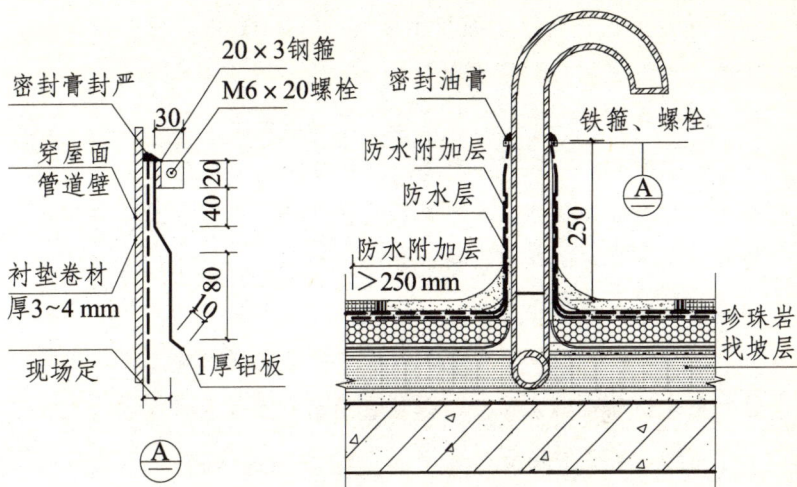

图1-5-4 出屋面排气孔做法参考图

1.5.15 防水保护层应设置分格缝。水泥砂浆保护层的分格面积不应大于1 m²，板块材料保护层分格面积不应大于100 m²，

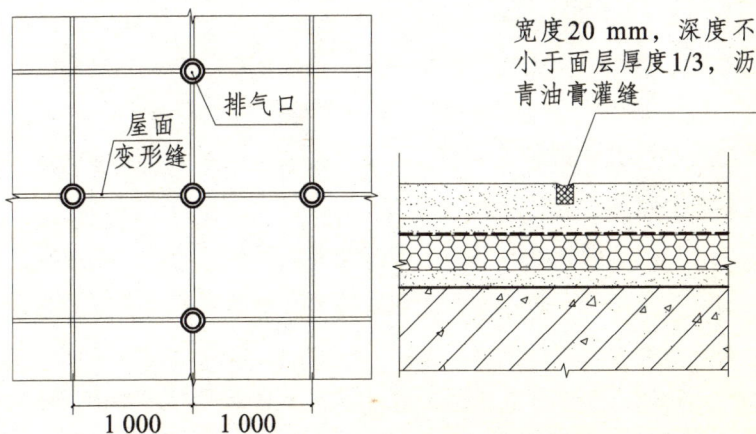

图1-5-5 变形缝、做法参考图

细石混凝土保护层分格面积不应大于36 m²。刚性保护层与女儿墙、山墙之间应预留宽度为30 mm的缝隙，深度同保护层厚度，缝隙嵌填防水密封材料做法同分格缝做法（图1-5-5）。

1.5.16　伸出屋面的管道、设备基础或预埋件等，应在防水层施工前安装完毕。屋面防水层完成后，不得在其上开洞或重物冲击。屋面太阳能、消防等设施安装时，应采取有效防护措施，避免破坏防水层。

1.5.17　屋面工程完成后，建设单位应组织施工、监理单位做蓄水试验或淋水试验，以检查屋面排水是否通畅、有无积水和渗漏，留存影像资料存档。

1.6　地暖地面渗漏防治措施

1.6.1　施工单位应编制专项施工组织设计或施工方案，按程序批准后方可施工。

1.6.2　辐射供热系统所使用的主要材料、设备组件、配件、绝热材料等必须具有质量合格证明文件，其性能技术指标及规格、型号应符合国家现行标准和设计文件的要求，并具有国家授权机构提供的有效期内的检验报告。进场后建设、施工、监理单位应进行验收，核查质量证明文件与实物的相符性，并进行外观质量检查，符合要求后按规定进行见证取样，抽检合格后方可使用。

1.6.3　铺设绝热层的原始工作面应平整、干燥、无杂物，边角交接面根部应平直且无积灰现象。绝热层的铺设应平整，绝热层相互间的接缝应严密。

1.6.4　加热管敷设施工环境温度不宜低于5℃。在低于5℃的环境下施工时，现场应采取升温措施。

1.6.5　加热管切割应采用专用工具，切口应平整，断口面应垂直管轴线。

1.6.6　加热管安装时应防止管道扭曲。塑料管道弯曲半径不应小于管道外径的8倍，铝塑复合管的弯曲半径不应小于管道外径的5倍，铜管的弯曲半径不应小于管道外径的5倍（铜管应采用专用机械弯管）。加热管用塑料卡或表面夹塑料套的钢丝卡固定在绝热层上，固定点的间距直管段部分宜为500～700 mm，弯曲管段部分宜为200～300 mm。

1.6.7　埋设于填充层内的加热管不应有接头。在铺设过程中管材出现损坏、渗漏等现象时，应整根更换，不得拼接使用。

1.6.8　在分水器、集水器附近以及其他加热管排列比较密集部位，当管间距小于100 mm时，加热管外部应设置柔性套管；加热管的环路布置不宜穿越填充层的伸缩缝，必须穿越时，伸缩缝处应设长度不小于200 mm的柔性套管。

1.6.9　混凝土填充层施工时，应加设架板保护，以免破坏加热管，混凝土振捣严禁使用插入式机械振捣设备。填充层施工中，要进行带压浇筑，水压不应低于0.6 MPa；填充层养护过程中，水压不应低于0.4 MPa。

1.6.10　填充层养护期间及期满后，应采取保护措施，不得加以重载、高温烘烤、直接放置高温物体和高温设备等，不得将施工完成的区域作为操作加工区或生活区使用，不得剔、凿、割、钻和钉填充层，不得向填充层内楔入任何物件。

1.6.11　混凝土填充式地面辐射供暖户内系统试压应进行两次，分别在浇筑混凝土填充层之前和填充层养护期满后进行。水压试验压力应为工作压力的1.5倍，且不应小于0.6 MPa。在试验压力下，稳压1 h，其压力降不应大于0.05 MPa，且不渗不漏。在冬期进行水压试验时，在有冻结可能的情况下，应采取可靠的防冻措施，试压完成后应及时将管内的水吹净、吹干，防止管道系统冻裂。

1.6.12 竣工验收时，在天气允许的情况下，地面辐射供暖户内系统应保持工作压力。

1.7 现浇钢筋混凝土楼板裂缝防治措施

1.7.1 施工单位应制定现浇混凝土楼板裂缝防治专项施工方案，监理单位应制定现浇混凝土楼板施工旁站监理实施细则，明确裂缝防治监控要点。

1.7.2 模板及其支架的选用必须经过计算，除满足强度要求外，还必须有足够的刚度和稳定性，能可靠地承受浇筑混凝土的自重、侧压力、施工过程中产生的荷载以及上层结构施工时产生的荷载。模板体系周转套数不宜少于4套。

1.7.3 现浇板浇筑混凝土时，应采取有效措施，严格控制现浇板的厚度和现浇板中钢筋保护层的厚度（图1-7-1、图1-7-2）。

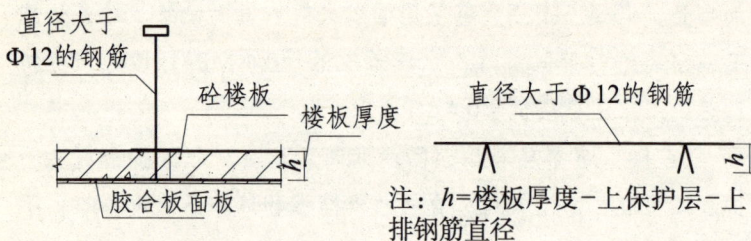

注：h=楼板厚度−上保护层−上排钢筋直径

图1-7-1 钢筋标准卡示意图   图1-7-2 标准马凳示意图

1.7.4 线管应敷设在板上、下两层钢筋中间，水平间距不宜小于50 mm；不宜三层及三层以上线管交错叠放，必要时沿管线方向在板的上下表面各加设一道Φ4@100宽600 mm的钢丝网片作为补强措施（图1-7-3、图1-7-4）。

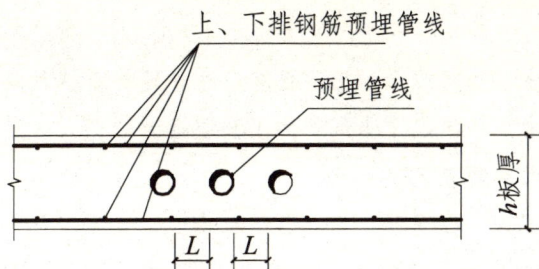

注：管线敷设于板上、下两层钢筋中间，且管线水平间距L≥50。

图1-7-3　线管并排敷设示意图

上、下各加一道ΦA4@100钢筋网片

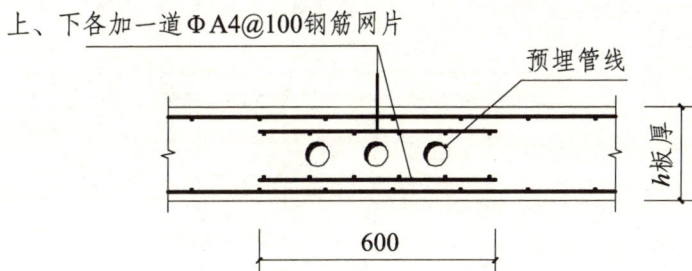

图1-7-4　钢丝网补强措施示意图

1.7.5　预拌混凝土进场时施工、监理单位必须按检验批检查入模坍落度，当有离析时应进行二次搅拌，搅拌时间应由试验室确定。严禁向运输到浇筑地点的混凝土中任意加水。

1.7.6　现浇楼板、屋面板中可采用添加纤维措施增加混凝土的抗拉强度，控制混凝土的裂缝。混凝土浇筑应尽量避开当日高温时段，合理确定浇筑顺序和施工缝的留置。

1.7.7　在混凝土初凝前应进行二次振捣，终凝前进行二次抹压。

1.7.8　加强现浇混凝土楼板的养护和保温，控制结构与外界温度梯度在25℃范围内。混凝土浇筑后，应在12 h内进行覆盖和浇水养护，养护时间不得小于7 d；对掺加缓凝型外加剂的混凝土，不得少于14 d。夏季应适当延长养护时间，以提高抗裂能力。冬季应适当延长保温和脱模时间，以防温度骤变、温差过大引起裂缝。

1.7.9 后浇带处应采用独立的模板支撑体系，后浇带的留置位置及施工缝的处理要严格按设计、规范和技术方案执行（图1-7-5）。

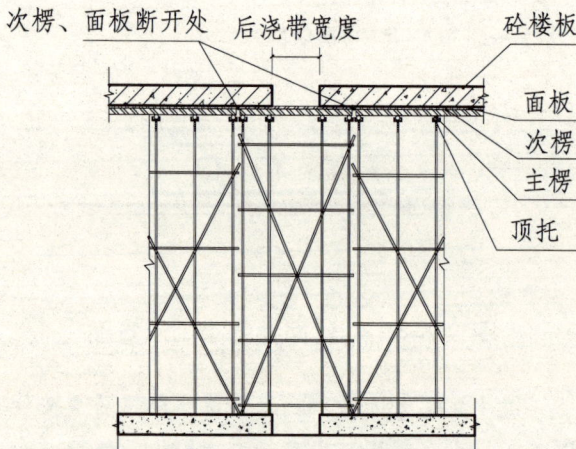

图1-7-5 后浇带独立支撑体系示意图

1.7.10 严格控制板面上人、上荷时间。在当层楼梯口处设置公告栏，明确上人、上荷时间。吊运材料应做到少吊轻放，减少吊运荷载对楼板造成的冲击。材料不得集中堆放，堆放处应铺设木垫板，位置应避开楼板跨中部位，临时荷载不得超过设计文件规定的荷载限值（图1-7-6）。

企业 logo	××××公司			
现浇砼楼板上荷时间公示栏				
工程名称		工程部位		
砼强度等级	__月__日__时	浇筑方量	__月__日__时	
开始浇筑时间	__月__日__时	浇筑完成时间	__月__日__时	
允许上人时间	__月__日__时	允许上荷时间	__月__日__时	
实际上人时间	__月__日__时	实际上荷时间	__月__日__时	

注：板面上人放线时间不早于混凝土凝结后18 h（4月～11月）或24 h（12月～次年3月）；板面吊运模板、钢筋等材料时间不早于混凝土凝结后36 h（4月～11月）或48 h（12月～次年3月）。

项目质检员：　　　　　　　　　监理工程师：

×××（企业标语）　　　　　　　　　　×××

图1-7-6　现浇砼楼板上荷时间公示栏

1.7.11　施工过程中发现楼板出现裂缝，应按以下程序进行处理：

（1）建设单位应组织设计、施工、监理和预拌混凝土生产单位，查清楼板裂缝的分布、宽度。

（2）综合分析裂缝的性质、产生的原因。

（3）发现裂缝或挠度过大时，应立即对相应部位的破坏状态，混凝土强度，钢筋直径、间距和位置进行检测，核查是否符合设计要求。根据检测结果委托原设计单位或有资质的单位出具处理意见，根据处理意见选择有相应资质的单位处理，并形成记录。

29

（4）楼板裂缝处理后，应组织专项验收并形成资料存档。

1.8 填充墙墙面裂缝防治措施

1.8.1 蒸压（养）砖、混凝土小型空心砌块、蒸压加气混凝土砌块类的墙体材料至少养护28 d后方可上墙砌筑；砌块应存放在专用防护棚内，有可靠的防潮、防雨淋措施。

1.8.2 填充墙与周边混凝土结构竖向衔接处，宜留宽15～20 mm缝隙。待墙体砌筑完成后，采用掺加膨胀剂的干硬性水泥砂浆二次嵌缝，并嵌填密实（图1-8-1）。

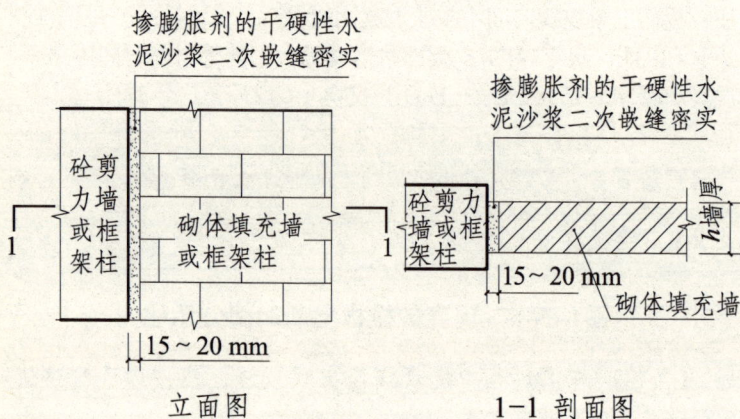

图1-8-1 填充墙与框架竖向衔接处嵌缝防裂示意图

1.8.3 填充墙砌筑应采用预拌砂浆，分次砌筑，接近梁板底时，应留一定缝隙，至少间隔14 d待沉降基本稳定后，再将其挤紧。当采用顶部"滚砖"补砌时，"滚砖"两端及中间宜采用预制三角形混凝土块进行补砌，滚砖斜度宜控制在60°左右；当采用细石混凝土填塞时，梁（板）底应预留30～50 mm缝隙，用干硬性C20以上膨胀细石混凝土填塞，并用防腐木楔

（间距不大于600 mm）挤紧，严格按照设计要求设置构造柱
（图1-8-2、图1-8-3）。

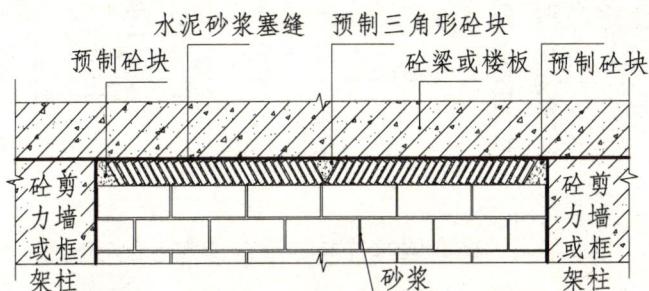

图1-8-2 填充墙顶端"滚砖"补砌示意图

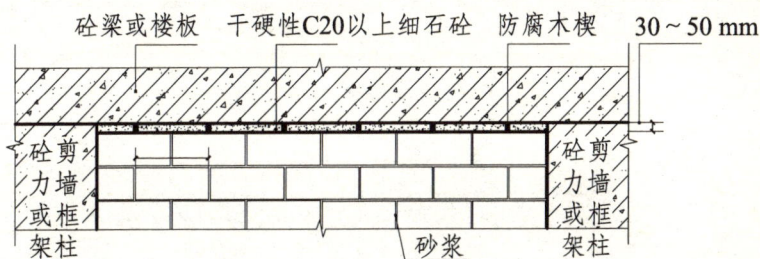

图1-8-3 填充墙顶端"木楔塞嵌"做法示意图

1.8.4 在填充墙上剔凿孔洞、槽时，应用专用机具，避免
锤击、打凿。剔槽深度应保证线管管壁外表面距墙面基层不小
于15 mm，并用1:3水泥砂浆抹实。管线密集部位，应采用细
石混凝土填补（图1-8-4）。

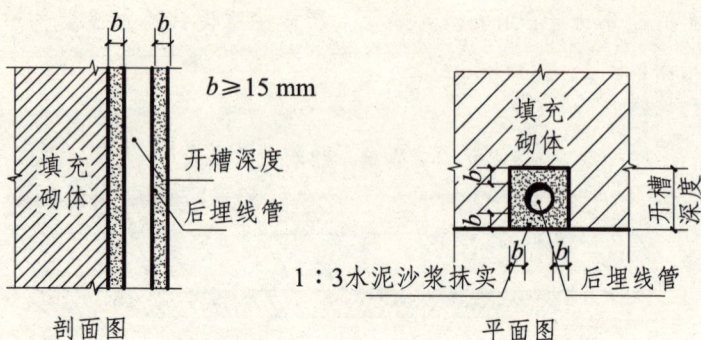

图1-8-4 填充墙线管后开槽及填塞做法示意图

1.8.5 墙体临时洞口处上部应加设钢筋混凝土过梁,墙体两侧预留2Φ6拉结筋,间距500 mm,补砌时应对连接处湿润、顶实(图1-8-5)。

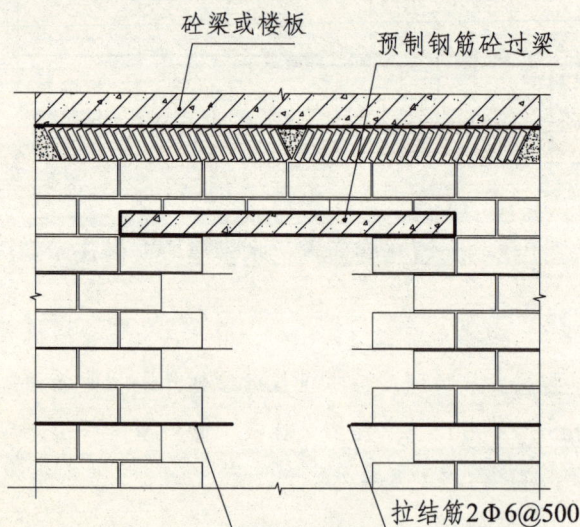

图1-8-5 填充墙临时洞口做法示意图

1.8.6　消防箱、户内配电箱等预留洞上的过梁，应在其线管穿越的位置预留孔槽，不得事后剔凿。

1.8.7　不同基体材料交接处、剔槽部位、临时洞口两侧、表箱背面等应钉挂钢丝网。钢丝网与不同基体的搭接宽度每边不小于100 mm。网孔尺寸不宜大于20 mm×20 mm，直径不宜小于1.0 mm，钢丝网宜采用先成网后镀锌的后热镀锌电焊网，钢丝网固定牢固（图1-8-6至图1-8-9）。

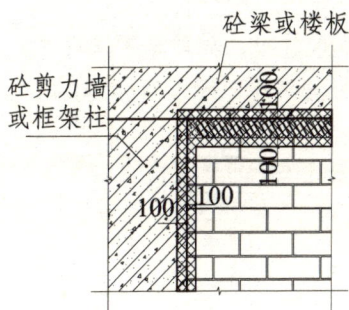

图1-8-6　不同基体材料交接处挂钢丝网做法示意图

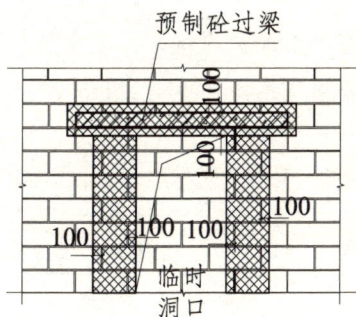

图1-8-7　临时洞口两侧处挂钢丝网做法示意图

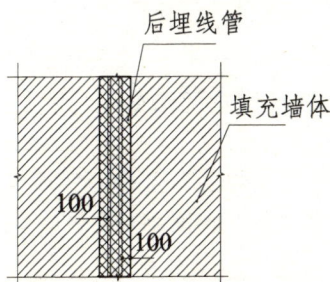

图1-8-8　剔凿部位挂钢丝网做法示意图

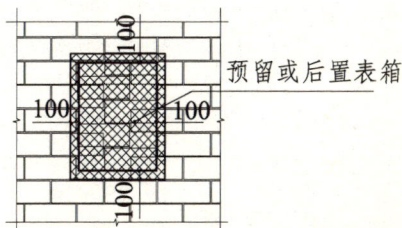

图1-8-9　表箱背面处挂钢丝网做法示意图

1.8.8　墙面抹灰应满铺耐碱玻璃纤维网格布，并应按隐蔽工程进行验收。抹灰总厚度超过35 mm时，应采取加设钢丝网等抗裂措施。

1.9　地暖楼地面开裂防治措施

1.9.1　地暖楼地面混凝土宜优先选用坍落度小的混凝土，严格控制粉煤灰掺量，并掺入一定量的微膨胀剂。

1.9.2　为防止楼地面开裂，地暖管线上表面宜增设一层抗裂钢丝网，混凝土浇筑过程中钢丝网不得翘起、露网，钢丝网在界格处必须断开，边缘整齐、铺设到位；局部搭接使用时，搭接宽度不宜小于200 mm，必须每点绑扎牢固（图1-9-1）。

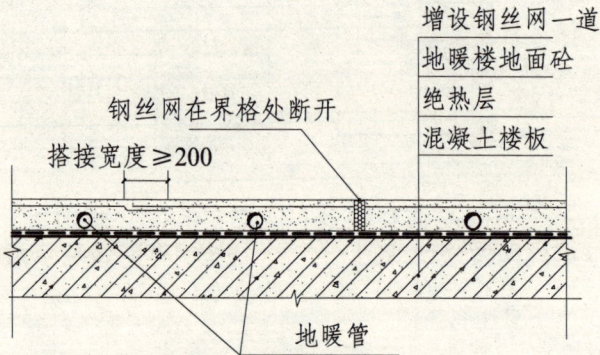

图1-9-1　地暖楼地面砼加钢丝网剖面示意图

1.9.3　楼地面混凝土浇筑以二次成型为宜，在对混凝土进行二次抹压后，立即覆盖塑料薄膜等材料，加强早期养护，养护时间不少于7天。

1.9.4　混凝土填充层应设置伸缩缝：

（1）地面面积超过20 m²或边长超过4 m时，应按不大于4 m的间距设置伸缩缝；地面与内外墙、柱等垂直构件交接处和门口、狭长过道与大房间地面交合处，都应设置伸缩缝，伸缩缝宽度不应小于8 mm。伸缩缝宜采用高发泡聚乙烯泡沫塑料板；或预设木板条，待填充层施工完毕后取出，缝槽内满填弹性膨胀膏（图1-9-2、图1-9-3）。

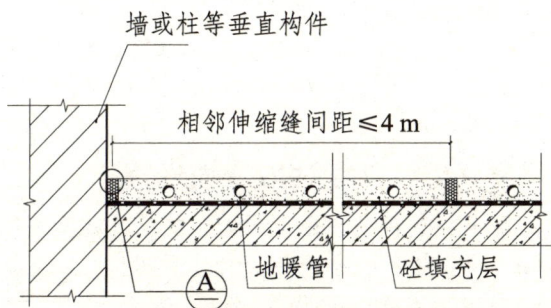

图1-9-2　地暖楼地面砼填充层伸缩缝设置示意图

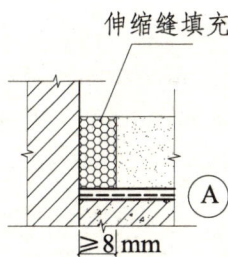

图1-9-3　伸缩缝示意图

注：伸缩缝填充高发泡聚乙烯泡沫塑料板；或预设木板条，待填充层施工完毕后取出，缝槽内填满弹性膨胀膏。

（2）伸缩缝宜从绝热层的上边缘做到填充层的上边缘。

2 安装篇

2.1 室内管道渗漏防治措施

2.1.1 设备、材料进入施工现场，建设、施工、监理单位要严格按照产品标准及规定程序进行检查验收，并做好记录，严禁不合格材料、设备用于工程中。需要抽检的材料，抽检合格后方可在工程中使用。

2.1.2 塑料管材、管件的质量应符合现行产品标准要求，管材、管件和专用机具（胶粘剂）应由同一生产厂家配套供应。

2.1.3 塑料管道在冬期储运时应加强成品保护。管道热熔连接施工的环境温度不宜低于5℃，在低于0℃的环境下施工时，现场应采取升温措施。

2.1.4 阀门安装前，应做强度和严密性试验。试验应在每批（同牌号、同型号、同规格）数量中抽查10%，且不少于一个。对于安装在主干管上起切断作用的闭路阀门，应逐个做强度和严密性试验。试验压力在试验持续时间内应保持不变，且壳体填料和阀瓣密封面无渗漏。

2.1.5 塑料管道在施工时，严禁对管材进行明火烘烤。对已安装完成的塑料管道系统严禁重压、敲击、蹬踏，不得在暗敷设管道的地面上加以重载、高温烘烤、直接放置高温物体和高温加热设备等，必要时应对容易受外力部位采取覆盖保护措施。

2.1.6 在建筑安装工程施工前，应分别设置给排水及采暖工程施工样板，经建设、监理、施工单位检查符合要求后，方可大面积展开施工。

2.1.7 地下室或地下构筑物外墙有管道穿过时，应采取防水措施。对有严格防水要求的建筑物，必须采用柔性防水套管（图2-1-1）。

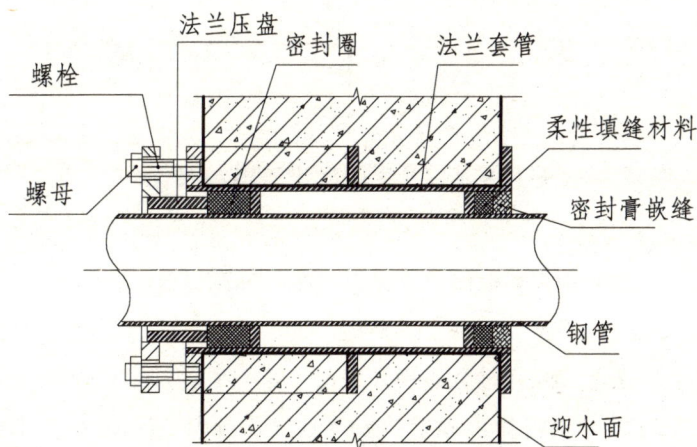

图2-1-1 管套式穿墙管防水构造示意图

2.1.8 建筑安装工程与相关专业之间，应进行交接检验，并形成记录。隐蔽工程应在隐蔽前经验收合格后，才能隐蔽，并形成记录。

2.1.9 沿地面敷设管道进入卫生间，不得从卫生间门口进入（卫生间采用地暖采暖方式除外）。管道沿地面从卫生间墙面外穿入时，墙面洞口预留应避免破坏卫生间内墙面防水层（图2-1-2）。

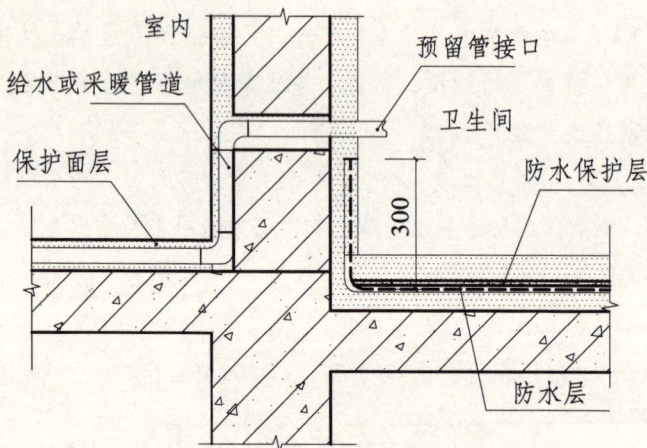

室内

给水或采暖管道

保护面层

预留管接口

卫生间

防水保护层

300

防水层

图2-1-2 卫生间敷设管道参考图

2.2 室内管道堵塞、排水不畅，地漏返臭防治措施

2.2.1 管道安装施工间断时，管口应及时封堵，避免施工碎块、杂物、水泥砂浆等进入管内，导致疏通困难和堵塞。

2.2.2 室内排水管道的安装坡度必须符合设计和规范要求，坡度应均匀，严禁出现倒坡现象。

2.2.3 室内排水管道隐蔽或埋地前应做灌水试验，灌水高度应不低于底层卫生器具的上边缘或底层地面高度。

2.2.4 通向室外的排水管，穿越墙壁或基础必须下返时，应采用45°三通和45°弯头连接，并应在垂直管段顶部设置清扫口（图2-2-1）。

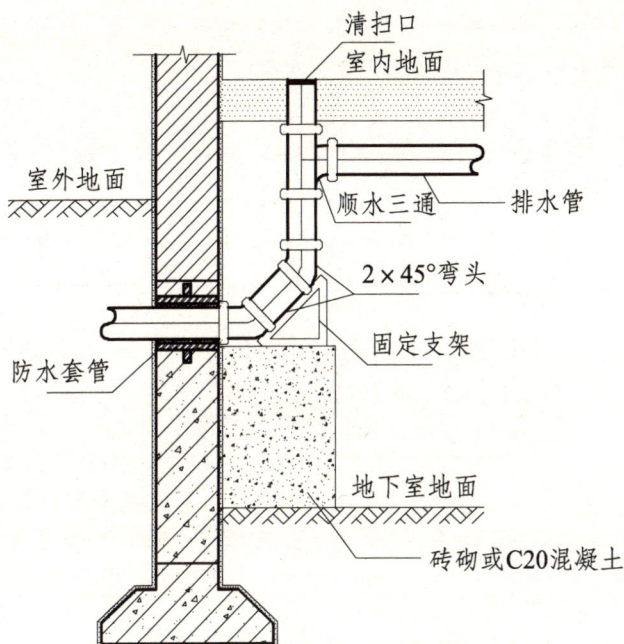

清扫口
室内地面
室外地面
顺水三通 —— 排水管
2×45°弯头
固定支架
防水套管
地下室地面
砖砌或C20混凝土

图2-2-1 通向室外排水管参考图

2.2.5 室内排水的水平管道与水平管道、水平管道与立管的连接，应采用45°三通或45°四通、90°斜三通或90°斜四通。立管与排出管端部的连接，应采用两个45°弯头或曲率半径不小于4倍管径的90°弯头。

2.2.6 排水立管、水平干管及排污管管道均应做通球试验，通球试验用球宜采用轻质空心球，球径不小于排水管道管径的2/3；通球率必须达到100%；以球在管内畅通无阻，顺利排出为合格。

2.2.7 地漏施工前，应根据基准线标高及地漏所处位置并结合地面坡度要求确定地漏安装标高，保证地漏安装在地面最低处。

2.2.8 地漏安装时，地漏顶面应低于地面面层0～5 mm，水封深度应不小于50 mm（图2-2-2）。

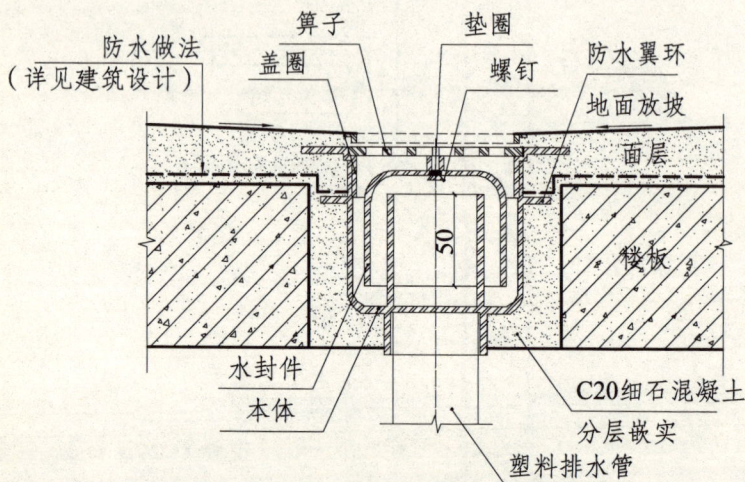

图2-2-2 地漏安装参考图

2.2.9 洗衣机地漏须使用专用地漏。

2.3 室内采暖系统防治措施

2.3.1 室内采暖管道安装坡度，当设计未注明时，应符合规范要求。

2.3.2 管道、支架和设备表面防腐及面漆应附着良好，色泽均匀，无脱落、气泡、流淌和漏涂缺陷。

2.3.3 散热器的规格、数量及安装方式应符合设计要求。住宅工程不得使用内腔粘砂灰铸铁散热器和钢制闭式串片散热器。

2.3.4 低温热水地板辐射采暖系统安装时，加热盘管弯曲部分不得出现硬折弯现象，曲率半径应满足规范要求。

2.3.5 明装恒温控制装置不应安装在狭小和封闭空间，散热器的恒温阀阀头应水平安装，且不应被散热器、窗帘或其他障碍物遮挡。暗装的恒温控制装置应采用外置式温度传感器，并应安装在空气流通且能正确反映房间温度的位置上（图2-3-1）。

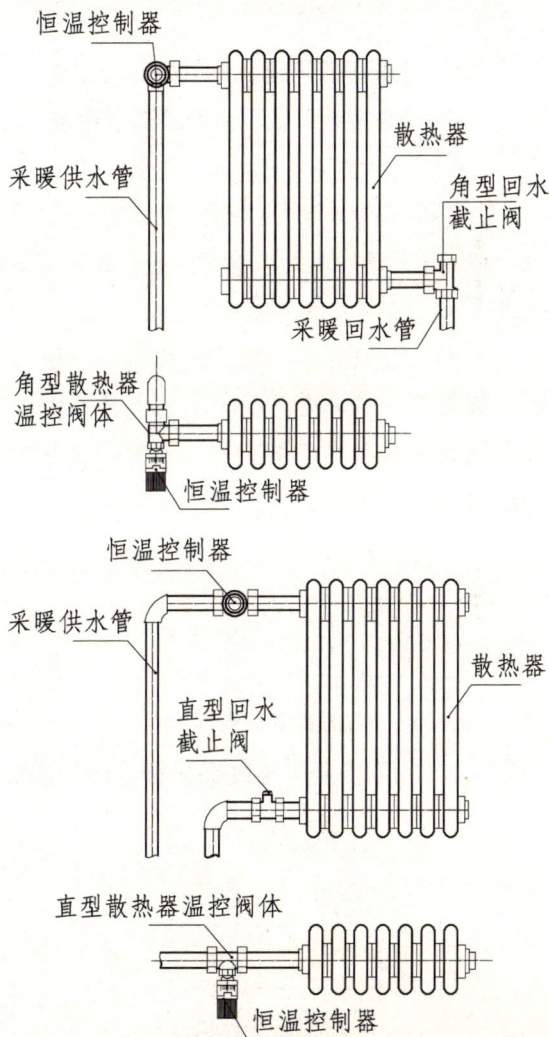

图2-3-1　恒温控制装置安装参考图

2.3.6　采暖系统安装完毕，管道保温之前应进行水压试验。试验压力应符合设计要求。

2.3.7　采暖系统试压合格后，应对系统进行冲洗并清扫过滤器及除污器。

2.4　暗配导管不通、电气回路短路和金属管路接地跨接不良问题防治措施

2.4.1　不同材质导管不得混用。

2.4.2　配管前，非镀锌钢导管应按设计或规范要求防腐到位。

2.4.3　钢导管不得采用对口熔焊连接；镀锌钢导管或壁厚≤2 mm的钢导管，不得采用套管熔焊连接。

2.4.4　不同类型的金属导管，应按相应的施工工艺标准进行敷设，管与管、管与盒（箱）体的连接配件应选用配套部件，并依据设计及规范规定进行电气跨接（图2-4-1至图2-4-7、表2-4-1）。

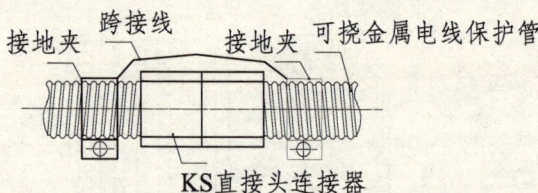

图2-4-1　可挠金属电线保护管连接示意图

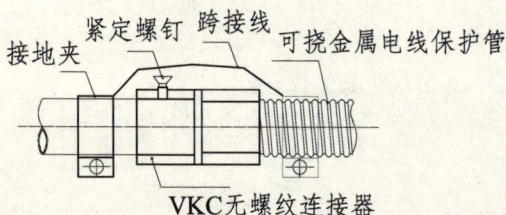

图2-4-2　可挠金属电线保护管与钢管连接示意图

接地夹　跨接线　无螺纹连接器　可挠金属电线保护管

圆头螺钉M6 *L*=15

KG混合连接器　螺母M6　垫圈6　弹簧垫圈6

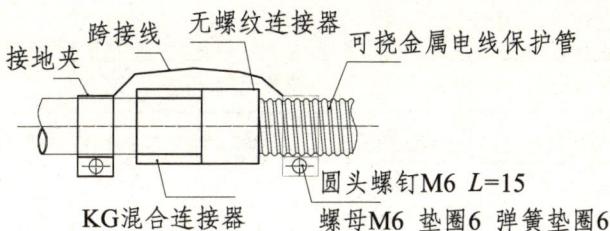

图2-4-3　可挠金属电线保护管与钢管连接示意图

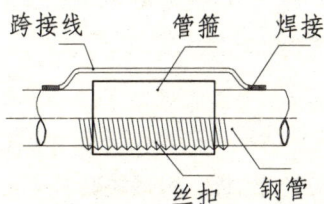

跨接线　管箍　焊接

丝扣　钢管

图2-4-4　钢管丝扣连接示意图

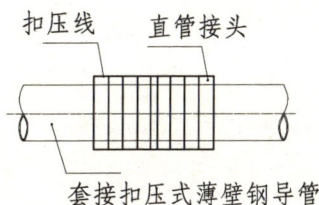

扣压线　直管接头

套接扣压式薄壁钢导管

套管　焊接

$(1.5\sim3)D$　钢管

D

图2-4-5　套接扣压式薄壁钢导管扣压连接示意图

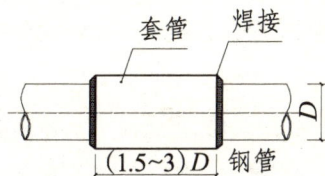

图2-4-6　钢管套管连接示意图

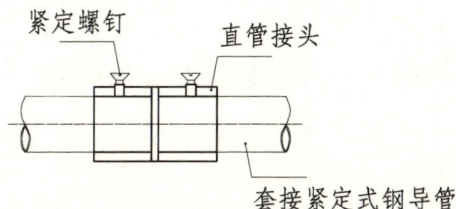

紧定螺钉　直管接头

套接紧定式钢导管

图2-4-7　套接紧定式钢导管紧定螺钉连接示意图

表2-4-1　　　　　　　　　　跨接线要求

DN（mm）	跨接线（mm）		
金属管	圆钢	扁钢	焊接长度
≤25	Φ6	—	40
32	Φ8	—	50
40～50	Φ10	—	60
70～80		25×4	60

注：

（1）金属管的接头处除采用管头焊接的方式外，均应采用圆钢或扁钢跨接焊成电气通路，跨接线要求见上表。

（2）采用可挠金属电线保护管跨接线均应采用不小于4 mm²多股软铜线。

（3）套接紧定式钢导管或套接扣压式薄壁钢导管连接时，应采用内涂电力复合脂等方式做防渗漏处理。

（4）套接扣压式薄壁钢导管连接时，应采用专用工具连接。

2.4.5　塑料导管及配件的壁厚和外观质量应符合《建筑用绝缘电工套管及配件》的要求。

2.4.6　柔性导管（包塑软管）不应埋入地下、混凝土内和墙体内；柔性导管（包塑软管）应接地良好，并不得作为接地的接续导体。

2.4.7　导管敷设后引出地面部位、转弯部位应及时采取防止导管扁、折、断开的措施，配管接口部位应增加防止断裂的加固措施。

2.4.8　金属导管煨弯使用的弯管器或模具应与导管管径及其弯曲半径相匹配，并应由技术熟练的工人操作。

2.4.9 导管敷设后在管口端用拉动法检查铁丝引线应灵活。

2.4.10 金属导管末端的管口及中间连接的管口均应打磨光滑。

2.4.11 导管内穿线应在抹灰完成后进行，穿线时应采取有效措施确保线导管内无积水或杂物。

2.4.12 电线接头应设置在盒（箱）或器具内，严禁设置在导管和线槽内，专用接线盒的设置位置应便于检修。

2.4.13 穿线时应在导管口上套护口，防止导线划伤，杜绝先穿线后套护口的做法。导管内导线总截面积不应大于管内截面积的40%。

2.5 配电箱、盘内配线压接不牢固，多股线随意剪芯线、搪锡处理差，回路标识不清，漏电开关动作不灵敏问题的防治措施

2.5.1 每套住宅应设置照明配电箱，配电箱宜暗装在套内走廊、门厅或起居室等便于维修维护处，暗装时箱底距地高度应符合设计要求。

2.5.2 配电箱应安装端正，暗装时箱体四周砂浆密实，其板面四周边缘应紧贴墙面，箱体开孔与导管管径适配，应一管一孔，不得用电、气焊割孔；同一建筑物中同类箱体安装高度应一致。

2.5.3 照明箱（盘）内，应分别设置零线（N）和保护地线（PE 线）汇流排，零地排截面应大于零地线最大截面积，零线和保护地线经汇流排配出。

2.5.4 电线（缆）保护管进入箱、盘时，应按对应的开关、设备位置布置管口的排列顺序。

2.5.5 配电箱内配线正确、整齐，并绑扎成束，回路编号齐全，标识正确；导线应连接紧密，压接牢固，不伤芯线，不得剪去线芯。同一端子上导线压接不多于2根，且导线截面积相同，防松垫圈等配件齐全。PE、N汇流排导线应按顺时针压接（图2-5-1）。

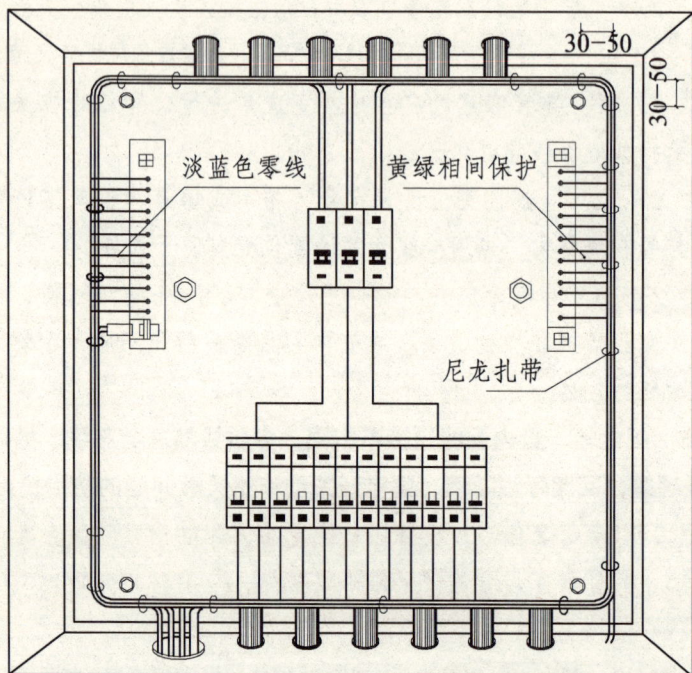

图2-5-1 配电箱内配线示意图

2.5.6 配电箱内漏电开关应逐一进行测试，并形成记录。

2.5.7 配电箱的接地连接要可靠：

（1）配电箱体及二层金属覆板的保护接地应可靠，并应与其专用的接地螺丝有效连接。

（2）配电盘、板的门扇带有电气元件的，门扇应可靠接地。

2.6 卫生间局部等电位联结做法不正确或局部漏做，不能起到等电位保护作用的防治措施

2.6.1 设计单位应明确住宅卫生间局部等电位联结所选用的标准图集。

2.6.2 楼板内钢筋网应与等电位联结线连通，墙体为混凝

土墙时，墙内钢筋网宜与等电位联结线连通。

2.6.3　下列部位应进行等电位联结：金属陶瓷浴盆及金属管道；淋浴供水用的金属管道；洗脸盆下与金属排水管道相连的金属有水弯；金属给排水立管。

2.6.4　散热器的支管为金属材料时，支管应进行局部等电位联结；散热器的支管为非金属材料时，散热器应进行局部等电位联结。

2.6.5　洗脸盆金属支托架固定与混凝土墙内钢筋相连时，金属支托架应进行局部等电位联结。

2.6.6　卫生间、浴室内无PE线，浴室内的局部等电位联结不得与浴室外的PE线相连；如浴室内有PE线，浴室内的局部等电位联结必须与该PE线相连。

2.6.7　等电位联结线应采用截面积不小于4 mm² 铜芯软导

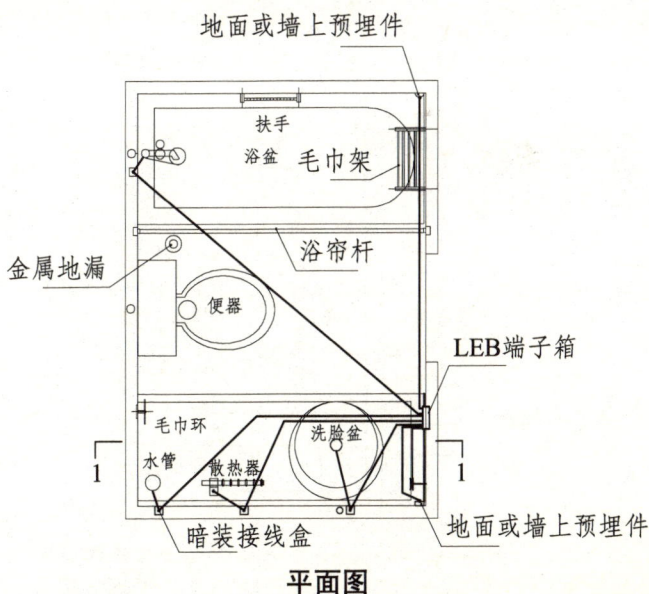

平面图

图2-6-1　等电位联结参考图（1）

线，导线压接应采用接线端子并搪锡处理，压接螺丝应为热镀锌材料，弹簧垫圈、平垫圈应齐全，并压接牢固（图2-6-1、图2-6-2）。

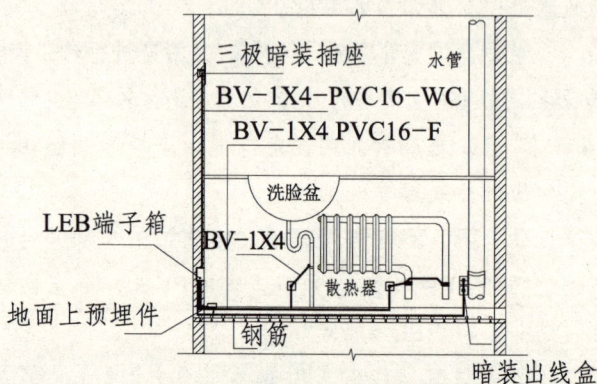

1-1剖面图

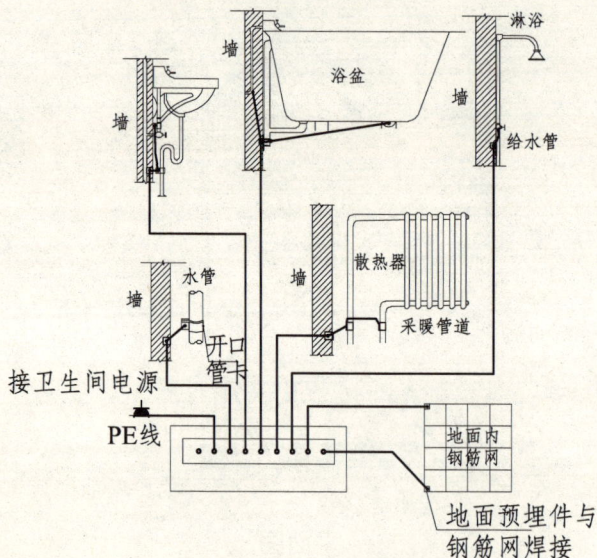

图2-6-2　等电位联结线参考图（2）

注：

（1）局部等电位联接应包括卫生间内金属给、排水管道、金属浴盆、金属采暖管、电源PE线以及地面墙面内钢筋网，可不包括金属地漏、扶手、浴巾架、肥皂盒等孤立之物。

（2）卫生间地面内钢筋网宜与LEB端子箱连接；当墙为混凝土墙时，墙内钢筋网也宜与LEB端子箱连接。

（3）当卫生间没有电气设备（含电源插座）时，此区域内电源PE线与LEB端子箱连接。

（4）图中LEB线均采用BVR + 1×4 mm² 铜线在地面内或墙内穿塑料管暗敷。

（5）卫生间LEB端子箱的设置位置应方便检测安装，下沿距地面宜0.3 m。

2.6.8 等电位箱内端子板材质及规格应满足设计要求，表面应进行搪锡处理。

2.6.9 卫生间等局部等电位联结施工完成后，应全数做导通测试并形成记录。